Anna Trinks

Fischwirtschaft und Aquakultur in Thailand

GRIN Verlag

Bibliografische Information der Deutschen Nationalbibliothek:

Die Deutsche Bibliothek verzeichnet diese Publikation in der Deutschen National-
bibliografie; detaillierte bibliografische Daten sind im Internet über http://dnb.d-
nb.de/ abrufbar.

Impressum:

Copyright © 2006 GRIN Verlag GmbH
Druck und Bindung: Books on Demand GmbH, Norderstedt Germany
ISBN: 978-3-640-28288-3

Dieses Buch bei GRIN:

http://www.grin.com/de/e-book/122536/fischwirtschaft-und-aquakultur-in-thailand

Eberhard Karls Universität Tübingen
Geographisches Institut
Hauptseminar„Regionale Geographie Südostasien"
SS 2006

Anna Trinks

25.07.06

Fischwirtschaft und Aquakultur in Thailand

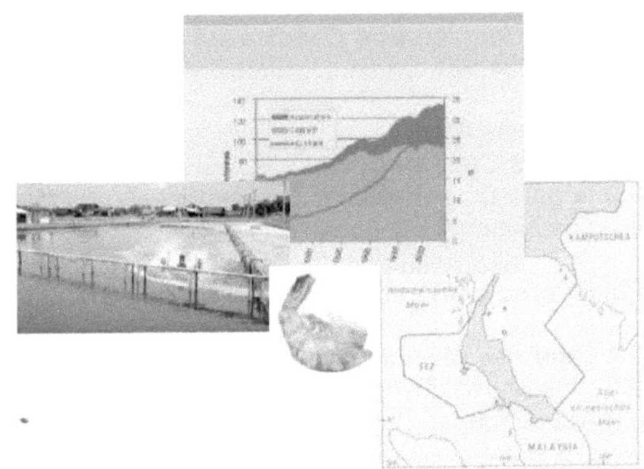

<u>Hausarbeit</u>
vorgelegt am 25.07.2006 von:

Anna Trinks

Geographie Diplom 6.Semester

Inhalt

1. Einleitung 1

2. Die Fischwirtschaft in Thailand: Die Seefischerei 2

   2.1 Entwicklungsphasen 2
   2.2 Aktuelle Trends der Fischwirtschaft 7
   2.3 Organisationsstruktur der Fischerei auf nationaler Ebene 8

3. Die Fischwirtschaft in Thailand: Die Aquakultur 9

   3.1 Historie der kultivierten Spezies in Thailand 9
   3.2 Entwicklungsphasen der Garnelen-Aquakultur 11
   3.3 Ökonomische Effekte 15
   3.4 Heutige Situation und Prognosen 16
   3.5 Ökologische Effekte 18
      3.5.1 Die Mangrovenzerstörung 18
      3.5.2 Die Grundwasserentnahme 19
      3.5.3 Chemikalien 19

4. Pläne, Strategien und Gesetze zur nachhaltigen
Fischwirtschaft 20

   4.1 Fisheries Act 20
   4.2 Code of Conduct CoC 20
   4.3 Andere Dokumente im Zusammenhang mit dem CoC 22
   4.4 The National Economic and Social Development Plan 22

5. Fischversorgung durch Kleinbetriebe 22

   5.1 Ländliche Kleinbetriebe der Aquakultur 22
   5.2 „The School Fishpond Project" 24
   5.3 Auswirkungen des Tsunamis auf Kleinbetriebe 24

6. Fazit 25

7. Literaturverzeichnis 27

Abbildungs- und Tabellenverzeichnis

Abbildung 1: Ringwade 2

Abbildung 2: Die ausschließliche Wirtschaftszone Thailands 5

Abbildung 3: Führende Fischfangnationen 2001 6

Abbildung 4: Entwicklung und Prognosen der modernen Fangfischerei .. 7

Abbildung 5: Gesamte Exportwerte und jährlich relative
              Wachstumsrate 7

Abbildung 6: Organisationsstruktur der thailändischen Fischerei 9

Abbildung 7: Aquakultur in Thailand 11

Abbildung 8: Anstieg der Produktion in der Aquakultur 13

Abbildung 9: Differenzierung der Produktion in Spezies 13

Abbildung 10: Der Weltgarnelenmarkt 1996:
              Produktions- und Importländer 15

Tabelle 1: Hauptfanggebiete und Fangmengen Thailands 6

Tabelle 2: Garnelenproduktion in Thailand 1972 – 1993 12

Tabelle 3: Die Top Ten der Aquakulturproduzenten 17

Tabelle 4: Fisch aus der Aquakultur: aktuelle Daten und Vorhersagen je
           Region 18

Tabelle 5: Durchschnittlicher Preis von Süßwasserspezies 2000 23

Tabelle 6: Produktionsstatistik unter dem
           School fishpond program 2000 24

Tabelle 7: Betroffene Provinzen des Tsunamis 2004 25

1. Einleitung

Ein altes Sprichwort der thailändischen Bauern lautet: „Heute morgen aß ich Reis und Fisch, heute abend esse ich Fisch und Reis" (LING 1977: XIV). Dieses Sprichwort drückt aus, welch elementarer Bedeutung neben dem Reis auch dem Fisch und anderen Meeresfrüchten in der Ernährung für die thailändische Bevölkerung zukam und auch heute noch zukommt. Aus einer uralten Tradition im Fischfang entwickelte sich die Subsistenzwirtschaft über die Jahrhunderte bis heute zu einer aufstrebenden, marktorientierten Exportindustrie.

Doch die marktorientierte Exportindustrie führt zu einer zunehmenden Überfischung der Weltmeere. Fangeinbußen sind die Folge und lassen die Preise auf dem Weltmarkt ansteigen. Der Mensch entzieht sich selbst dadurch nicht nur seine eigene Wirtschaftsgrundlage, sondern auch den Eiweißvorrat als Grundversorgung. Neben verbessertem Management, einem Verhaltenskodex für die Fischerei und weiteren Vorschlägen für eine nachhaltige Entwicklung der Bewirtschaftung der Weltmeere, spielt die anthropogen kontrollierbare Aquakultur als „Blaue Revolution" eine führende Rolle in der zukünftigen Kompensation der Fangeinbußen. Doch welche Auswirkungen ökonomischer, ökologischer und sozialer Art durch die Aquakultur auftreten und ob die kontrollierte Produktion von aquatischen Organismen wirklich die Lösung aller Probleme darstellt, soll im Folgenden analysiert und beurteilt werden.

2. Die Fischwirtschaft in Thailand: Die Seefischerei

2.1 Entwicklungsphasen

Die Fischwirtschaft zählt zum bedeutendsten Bereich der Nahrungswirtschaft und Rohstoffgewinnung in Thailand. Laut UTHOFF (1991: 223 ff) lässt sich die Entwicklung dieses Wirtschaftzweiges zu einer der bedeutendsten Hochseefischereinationen in drei Phasen aufteilen.

Phase I: bis 1960

Die traditionelle marine Fischerei in Thailand beschränkte sich bis 1960 auf die Flachwassergebiete an den Küsten des Golfes von Thailand und auf die Mangrovensümpfe an der Westküste Malakkas am Andamischen Meer. Die Fischgründe betrugen etwa 20 m Tiefe, wobei „gondelartige Langboote" (UTHOFF 1991: 224) als meist unmotorisierte Fangfahrzeuge eingesetzt wurden. Traditionelle Fanggeräte wie Reusen, Körbe, Haken und Leinen, einfache Hebe-, Wurf-, Schiebe-, und Stellnetze, Harken und Dredgen sowie Bambus-Fischzäune und Bambus-Fischfallen dienten primär zur Fischversorgung als Subsistenzwirtschaft mit niedriger Produktivität (UTHOFF 1991: 224).

Mit dem Ende des Zweiten Weltkrieges begann die Motorisierung mit Außenbordern und damit eine Zunahme der Bootslänge auf 10 bis 14 m Länge. Erst mit der Einführung der Ringwade als neues Fanggerät wurde es nun möglich auch pelagische Arten bis in eine Tiefe von 50 m zu erreichen. Dabei schließt sich, wie in Abbildung 1 dargestellt, ein Netz mit einer Größe von bis zu 2000 Meter Länge und 200 Meter Höhe ringförmig um einen Fischschwarm, welches unten zugezogen wird (GREENPEACE 2004: 2).

Mit zusätzlicher Hilfe von Treib- und Stellnetzen aus Nylon erreichte Thailand Anlandungen von rund 150.000 t, wobei die kommerziell tätigen Fischer in den 50er Jahren auf etwa 32.000 geschätzt wurden (UTHOFF 1991: 224). Da die Produktivität bis 1960 auf diesem Niveau verharrte, die Bevölkerung jedoch um 42 % bzw. 8 Millionen Menschen zunahm, wurde die Proteinversorgung durch den Fischfang nicht mehr ausreichend gewährleistet.

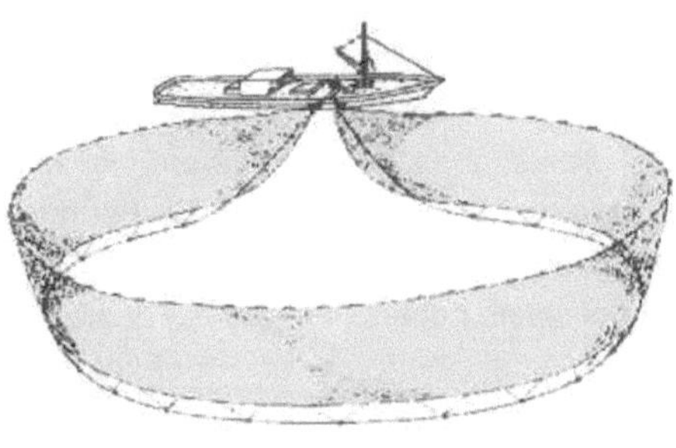

Abb. 1: Ringwade (Quelle: GREENPEACE 2004: 2)

Phase II: 1961 bis 1987

Ein bedeutender Einschnitt in der Entwicklung der thailändischen Fischerei
vollzog sich mit der Einführung der Schleppnetzfischerei durch eine Gruppe
deutscher Fischereiexperten, die mit dem thailändischen „Department of
Fisheries" (DoF) zusammenarbeiteten. Im Rahmen einer bilateralen Entwick-
lungshilfe wurde der Grundstein für die Nutzung des reichen Grundfischvor-
kommens im Golf von Thailand und auf dem Sunda-Schelf gelegt. Mit der
Einführung von Scherbrettschleppnetzen (Ottertrawl), Baumkurren
(Beamtrawl) und Gespannschleppnetzen (Pairtrawl), erreichten die Fischer
spektakuläre Fangerträge von 300 kg/Stunde. Das Land erfuhr einen immen-
sen Investitionsschub, wodurch die Zahl der Trawler von null im Jahr 1960
auf rund 10.000 bis zum Jahr 1982 anstieg (UTHOFF 1991: 225).

Die Zunahme an Trawlern führte dazu, dass sich nun die Fischversorgung
grundlegend verbesserte und durch die großen Anlandemengen zu einer
exportorientierten Fisch-(verarbeitenden)industrie führte. Jedoch zeichnete
sich nach den viel versprechenden Anfangsjahren eine Überfischungsten-
denz ab, der ein rapider Rückgang der Fangmengen folgte. Die noch im Jahr
1960 erreichten 300 kg/ Stunde sanken bis zum Jahr 1975 auf 47 kg/Stunde
(UTHOFF 1991: 227). Dennoch kann diese Phase zwischen 1960 und 1977
mit einer jährlichen Zuwachsrate von 18,1 % als die produktivste bezeichnet
werden.

An diesem wirtschaftlichen Erfolg konnten allerdings die traditionellen Küstenfischer nicht partizipieren, da sie nicht die nötigen Kenntnisse über den
küstenfernen Grundfischfang besaßen. Der Beginn des bis heute existieren-
den dualen Systems in der Fischwirtschaft war somit besiegelt und führte
unter anderem zu einem sozialen Konfliktpotenzial.

Durch die einhergehende personelle, institutionelle und finanzielle Trennung
der „familiär oder nachbarschaftlich organisierten kleinen Küstenfischerei und
der kapitalintensiven Hochsee- und Fernfischerei" (UTHOFF 1999: 63), entstanden Spannungen. Arbeitsintensive aber ertragsarme Fischereihaushalte
existieren parallel zu einer von finanzstarken Investoren oder Kapitalgesell-
schaften getragenen kapitalintensiven und marktorientierten Hochseefischerei (UTHOFF 1991: 226). So verzeichneten 1987 70% der Fischer nur 16%
der Fangmengen (UTHOFF 1991: 226).

Die industrielle Hochseefischerei setzte neben innovativen Fangtechniken
bei sinkenden Erträgen ihren Erfolg auf eine Expansion der Fangreisen, welche bis zum Golf von Bengalen oder sogar bis an die Küsten Chinas, Austra-
liens und Ostafrikas reichten. Etwa Mitte der siebziger Jahre wurde ca. die
Hälfte der Fangerträge in fremden Gebieten gefischt und „das Fangrecht des
Stärkeren galt uneingeschränkt" (UTHOFF 1999: 64).

Das Ende der ungehinderten Expansion der thailändischen Hochseefischerei wurde 1977 bis 1980 mit der Proklamierung der 200 Seemeilen-Wirtschaftszonen bzw. ausschließliche Wirtschaftszone (EEZ) besiegelt. Diese Begrenzung war das Konferenzergebnis der Dritten UN Seerechtskonferenz.

Phase III: seit 1987
Obwohl das Seerechtsübereinkommen die uneingeschränkte Ressourcennutzung der Meere erst 1994 formal beendete, hatten bereits viele Küstenstaaten die Inhalte durch Erklärungen noch bis 1980 vorweggenommen. Das Fischereirecht sah nun eine Aufteilung der seewärts anschließenden Flächen in drei Raumkategorien mit unterschiedlichen Souveränitäts- und Nutzungsrechten vor (aus UTHOFF 1999: 64f) :
1. Das Küstenmeer (terriotal sea): umfasst einen von der Niedrigwasserlinie oder geraden Basislinien seewärts ausgehenden Streifen von maximal 12 sm (1 sm = 1 Seemeile =1852,0 m) Breite. Untergrund, Meeresboden, Wassersäule, Wasseroberfläche und Luftraum darüber unterstehen hier der vollen Souveränität des Küstenstaates. Nutzung und Bewirtschaftung der lebenden marinen Ressourcen liegen allein in seiner Zuständigkeit und Verantwortung.
2. Die ausschließliche Wirtschaftszone (exclusiv economic zone EEZ): die 200sm beinhalten das Recht zur exklusiven fischereilichen Nutzung des Staates, wobei diese nach den Konvensartikeln 61 bis 70 nicht uneingeschränkt ablaufen darf, sondern eine optimale Bestandsnutzung garantiert werden muss.
3. Die hohe See (high seas): Zu dieser dritten Raumkategorien wird das Gebiet außerhalb der national zugeordneten Meeresflächen gezählt. Anders wie vor der Einführung des Fischereirechts gilt hier jetzt die Pflicht zur internationalen Zusammenarbeit bei der Erhaltung und Bewirtschaftung der Bestände, die Festlegung von Fangobergrenzen, die Einführung von Schutzmaßnahmen zur Sicherung nachhaltiger Nutzung, Informationspflicht über Forschungsergebnisse, Fangmengen und Befischungsintensitäten sowie eine Antidiskriminierungsverpflichtung gegenüber anderen in dieser Zone aktiven Fischereinationen.

Die ausschließliche Wirtschaftszone besitzt wohl die größte Bedeutung. Die nationalisierten Gebiete verfügen über hochproduktive Bereiche, wie im Falle

Thailands beispielsweise der Mangroven. Rund 325.000 km² zählen zu der EEZ Thailands (siehe Abbildung 2) auf deren Fläche sich die Fernfischerei-flotte zurückziehen müsste.

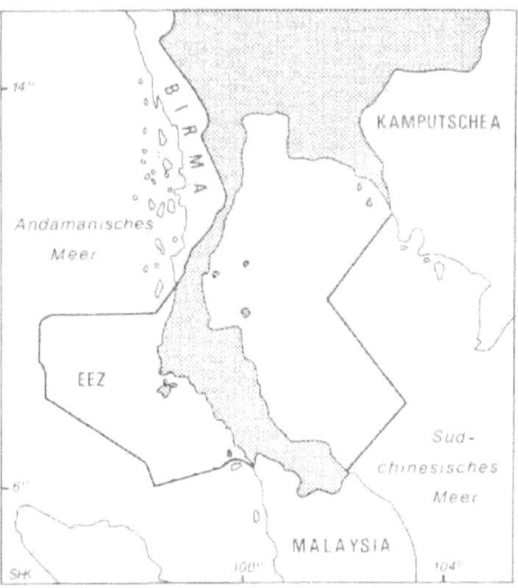

Abb. 2 : Die ausschließliche Wirtschaftszone Thailands (EEZ) (Quelle: UTHOFF 1991: 230)

Der 5th.National Economic and Social Development Plan (1982-1986) sah eine Produktivitätssteigerung im Fischereisektor vor, welche mit den Fisch-beständen der eigenen EEZ nicht zu erreichen war. Bilaterale Fischereiab-kommen mit anderen Staaten machten es möglich, deren marine Ressour-cen zu nutzen. Allerdings ist die Grenze zwischen vereinbarten Fangmengen und Raubfischerei meist fließend. Wie weit verbreitet eine durch wirtschaftli-che Interessen geförderte Triebkraft für Seerechtsverletzungen reicht, wird deutlich durch die Tatsache, dass die Schaffung eines Fonds stattfand, der den Freikauf von festgesetzten Fischern ermöglichen sollte (UTHOFF 1991: 231).

Im Jahr 1995 wurde zuletzt ein Maximum der Fangleistung erzielt. Zu diesem Zeitpunkt zählte Thailand 53.000 Fischereiunternehmen mit 161.667 be-schäftigten Fischern, die mit 54.538 Fangbooten ausgerüstet waren (nach: Internet 1, 2006).

Tabelle 1 verdeutlicht, in welchen Provinzen Thailands im Jahr 1996 welche Mengen an Fisch gefangen wurde. Die Zahlen beziehen sich auf die marine Fischerei. Deutlich wird bei einem Blick auf die thailändische Karte, dass die ergiebigeren Fangmengen in den Provinzen der Ostküste erreicht wurden.

Trat	111 196
Chanthaburi	4 591
Rayong	94 325
Chon Buri	25 845
Chachoengsao	1 626
Samut Prakan	116 752
Samut Sakhon	74 396
Samut Songkharm	13 976
Prachuap Khiri Khan	1 746
Phetchaburi	66 912
Chumphon	64 758
Surat Thani	19 970
Nakhon Sri Thammarat	131 977
Songkhla	248 023
Pattani	283 714
Narathiwat	546
Ranong	147 192
Phangnga	55 353
Phuket	70 820
Krabi	20 073
Trang	33 163
Satun	79 569

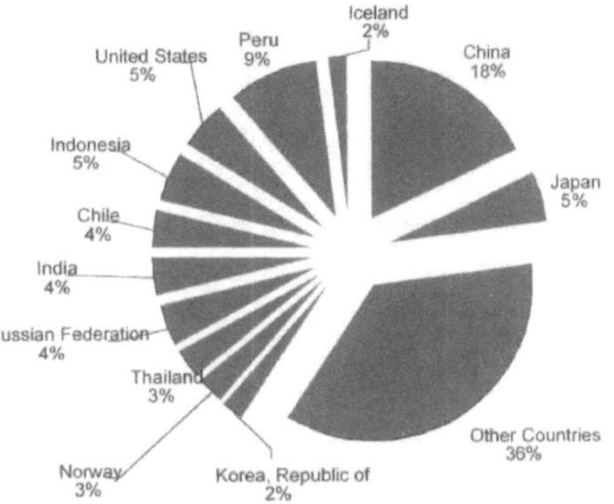

Abb.3: Führende Fischfangnationen 2001 (Quelle: THE WORLD BANK 2004: 19)

Tab. 1: Hauptfanggebiete und Fangmengen Thailands (Quelle: Internet 1, 2006)

Heute zählt Thailand zu den Top Ten der Fischfangnationen (Abbildung 3). China erreichte mit 16, 6 Millionen t im Jahr 2002 mit Abstand Platz 1 der Rangliste, wobei Thailand den neunten Platz mit 2,9 Millionen t im Jahr verzeichnen kann (FAO 2004:9). Thailand hatte 2001 einen Anteil an den weltweiten Fangmengen von 3% erreicht.

Das Land zählte seit den 80er Jahren zu den stärksten Thunfischfangnationen. Dosenthunfisch wurde zum Exportschlager für Japan, den USA und der EU. Allerdings begann Thailand 1995 mit dem verstärkten Import von rohem, nicht weiter verarbeitetem Thunfisch aus Indonesien und Chinesisch-Taipee. Durch Weiterverarbeitung erreichte Thailand eine erhöhte Wertschöpfung und zählt heute mit etwa 80 % Importanteil von Thunfisch somit neben Japan zu den größten Thunfisch-Importländern (OECD 2005: 46).

2.2 Aktuelle Trends der Fischwirtschaft:

Nach einem Bericht von GARCIA & GRAINGER (2005: 4) ist die Überfischung der Meere nicht nur im Falle Thailands ein Problem. Die demographische Entwicklung der Erde wird weiterhin anwachsen – die maximal möglichen Fangmengen jedoch nicht (Abbildung 4). Im Falle Thailands sanken die stündlichen Fangmengen im Golf von Thailand zwischen 1961 und 1999 von 250 kg auf gerade einmal 18kg. Ein scheinbarer, kurzfristiger Anstieg der Fangmengen lässt sich mit dem Fang kleinerer und minderwertiger Fische erklären.

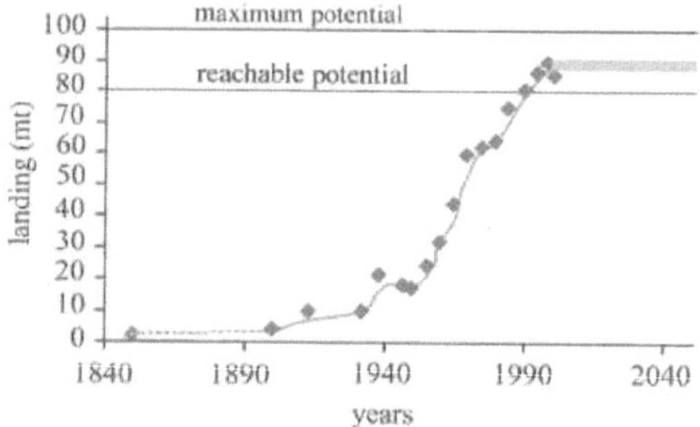

Abb. 4 : Entwicklung und Prognosen der marinen Fangfischerei
(Quelle: GARCIA & GRAINGER 2005:25)

Mit dem tendenziell sinkenden Angebot (gerade Linie in Abbildung 5), wird die anhaltende Nachfrage, besonders aus den Industriestaaten, den Preis des Fisches ansteigen lassen (Abbildung 5).

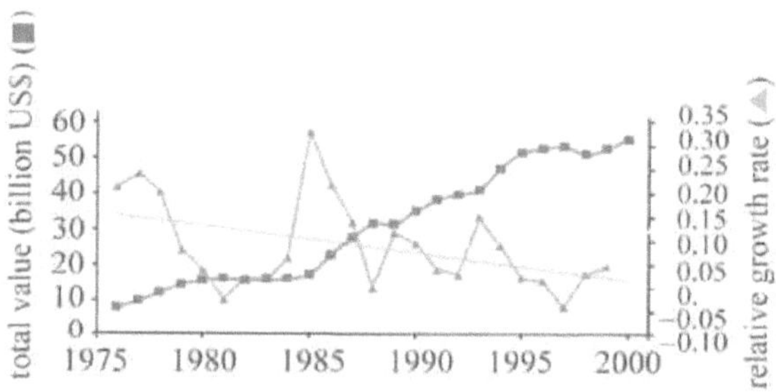

Abb. 5 : Gesamte Exportwerte und jährlich relative Wachstumsrate
(Quelle: GARCIA & GRAINGER 2005:27)

Preiswerte Massenware für den eigenen Markt und hochwertige Luxusware für den Exportmarkt sind heute eine Form des Dualismus des Wirtschaftens im Fischereisektor (UTHOFF 1999: 68). Der arme Fischer wird demnach seine Fangmengen verkaufen, statt sie als notwendige Proteinversorgung zum Eigenbedarf zu verwenden.

Durch falsche Fangtechniken und maßlose Überfischung der Fanggründe und Massen an Beifang entzieht sich der Mensch selbst eine wichtige Nahrungsgrundlage und zerstört Lebensräume. Einige Industrie- und Entwicklungsländer haben die gefährliche Lage erkannt und erklärten sich bereit ihr Management im Fischereisektor zu verbessern. Im Hinblick auf einen nachhaltigen Umgang mit Ökosystemen vereinbarten einige Länder wie die Philippinen, Japan, Norwegen und viele andere im „Code of Conduct" Verhaltensweisen für verantwortungsvolle Fischerei. Im Bereich der Ökosysteme werden die biotischen, abiotischen und den Menschen betreffenden Faktoren und deren Wechselwirkungen aufgezeigt und Vorschläge für eine nachhaltige Bewirtschaftung der Meere eingebracht (THE WORLD BANK 2005: 11).

Als Lösung zur Kompensation der Fangeinbußen und als Strategie zur gesicherten Fischversorgung wird unter anderem die kontrollierbare Form der Aquakultur genannt, die – nachhaltig betrieben – sicherlich als ein erfolgsversprechendes Versorgungskonzept für die Bevölkerung dienen könnte. Die WORLD BANK (2005: 38) prognostiziert für das Jahr 2010 im Fangfischereisektor ein Defizit von bis zu 40 Millionen Tonnen. Ob die Aquakultur als „blaue Revolution" (KELLER 1997: 58) wirklich diese Versorgungslücke füllen kann und die Lösung aller Probleme der Überfischung darstellt, ist zumindest fraglich.

2.3 Organisationsstruktur der Fischerei auf nationaler Ebene

Das Department of Fisheries (DoF) stellt das wichtigste Regierungsinstrument für technische und organisatorische Belange dar und untersteht dem Ministry of Agriculture. Dem Generaldirektor des DoF unterstehen derzeit etwa 5000 Mitarbeiter. Wie in Abbildung 6 dargestellt, beinhaltet das DoF neben der Finanz-, Personal- und Fischereiwirtschaftlicher Politik- und Planungsabteilung auch die Abteilungen der Binnenfischerei, Aquakultur im Küstenbereich und der Meeresfischerei. Ebenfalls existieren Forschungseinrichtungen für Binnenfischerei und Aquakultur, sowie eine Abteilung, deren Aufgabe es ist, die Technologieentwicklung im Fischereisektor voranzutreiben. Auf der Hierarchieebene darunter stehen die Fischereibüros der Provinzen. Die unterste Ebene bilden die Fischereibüros der Distrikte.

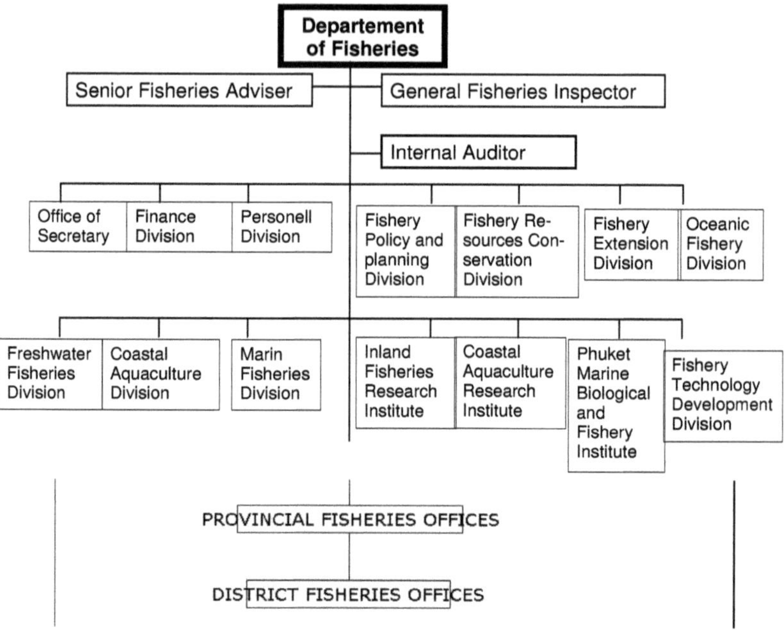

Abb. 6: Organisationsstruktur der thailändischen Fischerei (Quelle: Internet 1, 2006)

3. Die Fischwirtschaft in Thailand: Die Aquakultur

3.1 Historie der kultivierten Spezies in Thailand

„Wenn Du jemandem Fisch gibst, wird er Essen für einen Tag haben; aber wenn Du ihm beibringst Fisch zu züchten, wird er sein Leben lang Nahrung haben" (LING 1977: XV). Dieses Sprichwort stammt aus China, wo die Aquakultur auf eine Tradition von über 4000 Jahren zurückblicken kann. Neben Sojabohnen als Ressource für pflanzliches Protein ist Fisch der hauptsächliche Bestandteil des tierischen Proteins zur Versorgung des „einfachen Mannes" (LING 1977: 1).

Bis zum Jahr 1977 wird teurer (Schmuck-) Fisch als Luxusware exportiert, um die dringend benötigten Devisen in viele südostasiatische Länder zu bringen. Aber auch „trash fish" wird in Aquakultur-Anlagen gezüchtet, der nicht als Nahrung dient, sondern als Dünger, als Futter für Fisch oder als Fischköder wie z.B. Milkfish als Köder für den Thunfischfang. Neben dem Nahrungssektor sind auch kommerzielle Güter wie Perlen oder Algen für Meeresextrakte als Ergänzung in Nahrung, Kosmetik und der Textilindustrie wichtige Erzeugnisse der südostasiatischen Aquakultur.

Thailand befindet sich im Jahr 1972 mit 150.264 t Erzeugnissen aus der A-quakultur bereits unter den produktivsten Ländern Südostasiens (LING 1977: 2). Mit Abstand führen die Rückenflosser mit 87.764 t unter den kultivierten Spezies. Auffallend ist der mit 2500 t verhältnismäßig geringe Anteil der Crustaceen-Produktion, wohingegen die Weichtiere mit geschätzten 60.000 t einen enormen Anteil der gesamten Aquakulturproduktion im Jahr 1972 be-saßen (LING 1977: 3).

Thailand kultivierte insbesondere den Siamesischen Flusswels (Siamese river catfish; *Pengasius spp.*), sowie den Wanderwels (swamp catfish, walking catfish; *clarias batrachus*). Erwähnt werden explizit die Miesmuschelkulturen wie *Mytilis smaragdinus*, die im Golf von Thailand gezüchtet wurden und deren Ernten einen derartigen Überschuss ergaben, dass sie als Entenfutter oder anderes Tierfutter verwendet wurden. Ebenfalls werden in Aquakulturen *Tilapia mossambica*, *Tilapia nilotica* und verschiedene Karpfenarten (z.B. *Puntius gonionotus*) gezüchtet. Einer noch eher untergeordneten Rolle gehören in dieser Zeit die traditionellen Shrimpfarmen entlang der Küstenlinie an. Die meisten Crustaceen, wie *Penaeus monodon* und *P. japonicus* werden im Gegensatz zu den Philippinen und Indonesien in Thailand bis zum Jahr 1972 nur experimentell und mit vielen Misserfolgen gezüchtet. Nur *P. merguiensis* wird bereits extensiv kultiviert (LING 1977: 15ff).

Laut UTHOFF (1994: 166) brachte die gesamte Garnelenkultur aller Arten 1972 in Thailand etwa 1000 t, jedoch erreichte diese bis zum Jahr 1992 insgesamt 200.000 t ! Diese Erträge waren zum einen die Folge der technischen Verbesserungen, andererseits des Erfolges der umfangreichen Zucht der Hochertragssorte *Penaeus monodon* (Tiger Prawn). Im Jahr 1998 zählten neben den Süßwasserfischen die Krustentiere zu den am stärksten kultivierten Ertragssorten. Jedoch beinhaltet die in Abbildung 7 dargestellte Säule der Krustentiere fast ausschließlich die Riesengarnele.

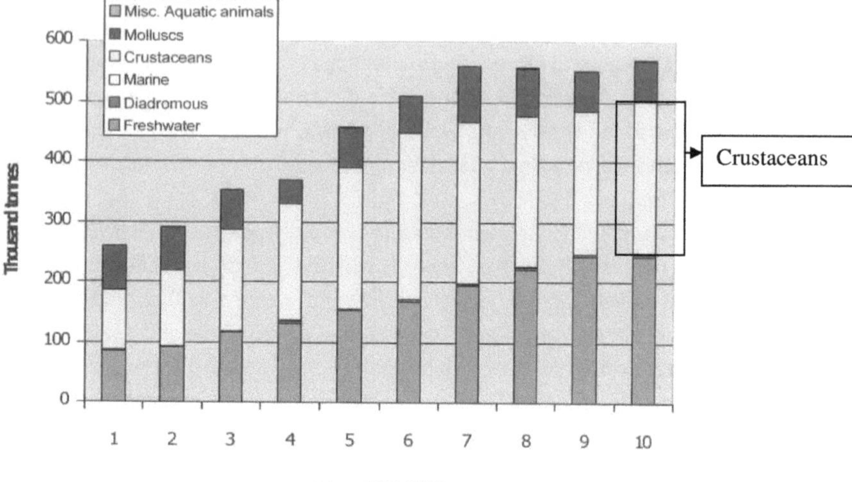

Abb. 7: Aquakultur in Thailand (Quelle: FAO 2001: 29)

3.2 Entwicklungsphasen der Garnelen-Aquakultur

UTHOFF (1994:164) bezeichnet die marine Aquakultur von Garnelen als eine „kontrollierte und optimierte Aufzucht von Garnelenarten in flachen, einge-deichten Becken innerhalb der Gezeitenzone, [...] deren Besatz natürlich o-der aus künstlicher Erbrütung erfolgt". Die günstigsten Standorte sind die mangrovenartigen Flachküsten tropischer Meere. Neuerdings entwickelt sich ebenfalls eine Aquakultur im Supralitoral.
Der gesamte Lebenszyklus soll laut UTHOFF (1994: 164) vom Ei bis zum ablaichenden Tier oder Konsumprodukt unter gesteuerten Bedingungen ab-laufen. Zur Optimierung des Aufzuchtsprozesses werden Eingriffe in Form von der Steuerung der Wasserqualität, der Fütterung, dem Schutz vor Schädlingen und Nahrungskonkurrenten vorgenommen.

Phase I: bis 1972
Die Periode der traditionellen oder extensiven Garnelenzucht in Thailand hat ihren Ursprung in einer Zufallserscheinung. Mit den Tiden gerieten juvenile Garnelen in Aquakultur-Anlagen für Fische, Salinenbecken oder küstennahe Reisfelder. Dort wuchsen sie geschützt auf und wurden als Zusatzprodukt zur Selbstversorgung entnommen. Durch gezielte Überflutungen wurde der Besatz gesteigert und aus dem Zufallsprodukt wurde ein gewolltes Neben-produkt, das in den 40er Jahren einen guten Absatz in Bangkok erzielen

konnte und erste extensiv betriebene Garnelenbetriebe entstehen ließ. Steuerung durch regelmäßigen Wasseraustausch und gelegentliche Fütterung führten zu einer bewusst betriebenen Kultur. In dieser Phase verlief die Wasserversorgung noch ausschließlich tidegesteuert in 2 bis 20 ha großen Becken, die durch Umwandlung von Salinenbecken, küstennahes Reisland oder Fischzuchtbecken in Garnelenfarmen entstanden.

Auf diese Art und Weise entstanden bis 1972 etwa 1154 Betriebe mit Polykulturen, die trotz ihres hohen Flächenverbrauchs, niedrige Investitionen, minimal laufende Kosten und geringem Arbeitseinsatz relativ rentabel wurden und zu produktionssteigernden Maßnahmen anregten (UTHOFF 1994: 165)

Phase II: 1973 bis 1985

Diese Phase zeichnet sich durch einen kontinuierlichen Anstieg der Produktionssteigerung aus. In Tabelle 2 wird deutlich, dass sich der Flächenertrag sowie die Betriebszahlen und die Kulturfläche bis zum Jahre 1982 mehr als verdreifacht haben.

Jahr	Produktion gesamt	Anlandungen Seefische	Aquakulturproduktion		Kulturflächen	Betriebe
	in 1000 t	in 1000 t	in 1000 t	in %	in km^2	Anzahl
1972	67,9	66,9	1,0	1,5	90,6	1.154
1977	119,0	117,3	1,6	1,3	124,1	1.437
1982	166,6	156,5	10,1	6,1	307,9	3.943
1984	117,4	104,4	13,0	11,1	367,9	4.519
1986	120,4	102,5	17,9	14,9	453,7	5.534
1988	141,5	85,9	55,6	39,3	547,8	10.246
1990	201,2	83,0	118,2	58,7	646,1	15.072
1992	269,6	84,7	184,9	68,6	728,0	19.403
1993 *	282,1	82,1	200,0	70,9	k. A.	k. A.

Tab. 2: Garnelenproduktion in Thailand 1972 – 1993 (Quelle: UTHOFF 1994: 166)

Innovative Neuerungen wie zusätzliche Pumpanlagen und Schaufelräder in gleichzeitig verkleinerten Becken mit höheren Besatzdichten ließen eine semi-intensive Kultivierung zu. In Monokulturen wurden Bananengarnelen (*Penaeus merguiensis*) mit halbjähriger Ernte gezüchtet.

Neben der Konzentration der Betriebe an der Nordküste des inneren Golfes bildeten sich die ersten hauptstadtfernen Kulturgebiete um die Zentren Chantaburi, Rayong und Chachoengsao im Osten und um Surat Thani und Nakhon Si Thammarat im Süden. Alle Provinzen erzeugten im Mittel homogene Ertragswerte, die sich zwischen 125 und 892kg/ha bewegten (UTHOFF 1994: 167).

Phase III: Seit 1985

In Abbildung 8 ist ein markanter Anstieg um die Jahre 1985/86 zu verzeichnen. Von ungefähr 18.000 t im Jahr 1986 steigt die Produktion bis zum Jahr 1992 auf 185.000 t.

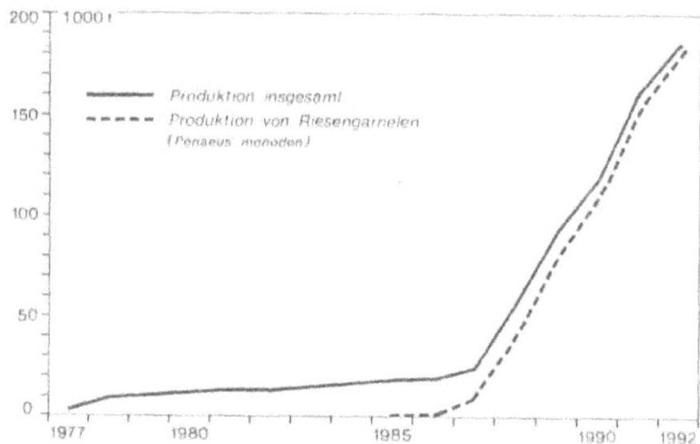

Abb. 8: Anstieg der Produktion in der Aquakultur (Quelle: UTHOFF 1994: 171)

Dieser Quantitätssprung lässt sich durch Aufzuchtserfolge der Hochertragssorte Penaeus monodon (Riesengarnele, Tiger Prawn) erklären. Diese Kulturspezies erzielt von allen Garnelensorten die höchsten Erzeugerpreise, was dazu führte, dass im Jahr 1992 in Thailand 96,8 % Riesengarnelen erzeugt werden (Abbildung 9).

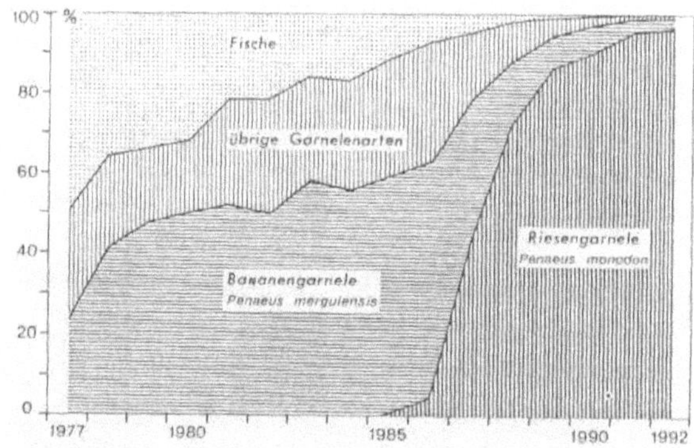

Abb. 9: Differenzierung der Produktion in Spezies (Quelle: UTHOFF 1994: 171)

Der Flächenertrag stieg sprunghaft von 394 kg/ha im Jahr 1986 auf 2.539 kg/ha im Jahr 1992 an. Erste vertikal integrierte agroindustrielle Großbetriebe, wie z.B. British Petrol, Mitsubishi oder Charoen Phokpand entstanden mit dem Aufbau von Verarbeitungsbetrieben und Tiefkühlhäusern in peripher gelegenen Küstenprovinzen. Ebenfalls erste Kühl- und Tiefkühltransporter machten eine räumliche Umschichtung mit neuen Schwerpunkten der Aquakultur im Osten des Golfes in Chantaburi, Rayong und Trat, sowie im Süden in Surat Thani, Nakhon Si Thammarat und Songkhla möglich. Im Jahr 1992 lag der mittlere Flächenertrag bei 2.539 kg/ha, schwankte aber extrem zwischen den Provinzmittelwerten von 195 kg/ha in Samut Prakan und 9.945 kg/ha in Phuket (UTHOFF 1994: 166). Das einstige führende Ursprungsgebiet der nördlichen Küstenprovinzen wurden mit 2,7% Anteil an der Produktion immer unbedeutender. Die Ursachen für diese räumliche Verschiebung sieht UTHOFF (1994: 167) in verschiedenen Veränderungen der ökologischen und ökonomischen Rahmenbedingungen:

1. Durch eine extreme Flächenausweitung, bis zu 7 km² im Provinzmittel, kam es zu einer Übernutzung durch mangelndes Wassermanagement. Ungenügende Zufuhr von frischem Seewasser führte zur Übersäuerung und Toxifizierung der Bodensedimente.
2. Durch Giftstoffe wie Blei, Chrom oder Nitrat wurden die Flüsse, die in den nördlichen Golf münden, erheblich belastet, was zu einer drastischen Abnahme der Wasserqualität führte.
3. Die Kulturflächen des Ursprungsgebietes liegen im Expansionsbereich der Metropole Bangkok. Erhebliche Flächen der Küstenräume wurden durch Industriegelände und Wohngebiete erschlossen.

Im Laufe der Jahre wurde die mittlere Betriebsfläche immer geringer, erzielten jedoch rasch wachsende Erträge. Die Betriebe mit diesen geringen Betriebsflächen wirtschaften in Intensivkulturen in euliteralen und supralitoralen Becken von 0,1 bis 1ha Größe. Die Wasserversorgung der Becken erfolgt bei kompletter Steuerung der Wasserqualität nach Salinität, ph-Wert, Temperatur und Sauerstoffgehalt durch Pumpen und Brunnen.

In diesen Intensivkulturen werden bis zu 300.000 Jungtiere ausgesetzt, deren Fütterung ebenfalls ausschließlich fremdgesteuert ist. Zweieinhalb Ernten pro Jahr wurden möglich, was allerdings nur bei intensiver Überwachung der Wasserqualität, Bodenmanagement und Schädlingsbekämpfung möglich ist. Vollkulturen umfassen einen kompletten Produktionszyklus von Ei zu Ei bzw. vom Ei zum Konsumprodukt (UTHOFF 1999: 72). Als marines Luxusprodukt gehen die Garnelen jedoch überwiegend in den Export, wodurch die Mehrheit der inländischen Verbraucher auf die kleineren Arten des Fischfangs zurückgreift. Abbildung 10 zeigt bei einer Gegenüberstellung von Produktionsländern und Importländern großer Garnelenarten, dass eine Verbesserung der Ernährungssituation in den Erzeugerländern nicht mit gesteigerten Produktionszahlen einhergehen muss, da die Erträge als Luxusgüter nach Japan, USA oder andere Länder verschifft werden.

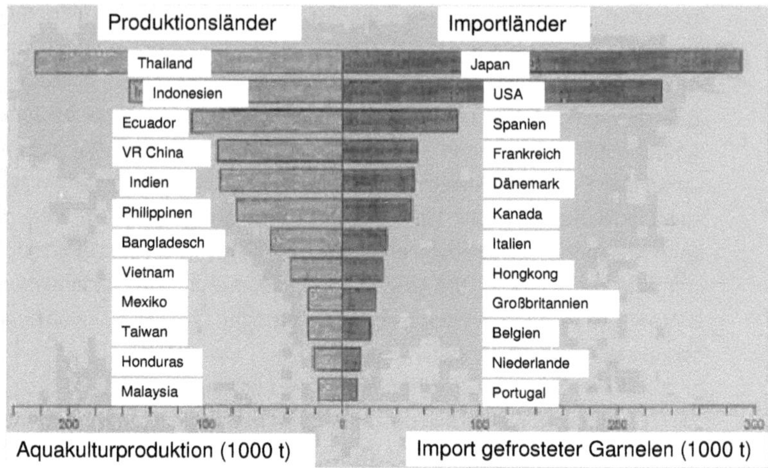

Abb. 10: Der Weltgarnelenmarkt 1996- Produktions- und Importländer
(Quelle: UTHOFF 1999: 71)

3.3 Ökonomische Effekte

Mit dem Durchbruch der Aquakultur der Riesengarnelen erlangte das Exportprodukt Rangplatz drei des thailändischen Außenhandels. Durch Weiterverarbeitung bis zum tafelfertigen Produkt erreichten die gefrosteten Waren eine erhöhte Wertschöpfung.

Die Deviseneinnahmen aus dem Exportprodukt Garnele konnten 1992 als positive Handelsbilanz verbucht werden. Importe wie Chemotherapeutika oder Fischmehl wurden benötigt, um die Aquakultur optimal auszubauen. Pro Hektar Produktionsfläche ist eine Arbeitskraft nötig, wobei nachgelagerte Dienstleistungsunternehmen wie Brutanstalten, Handelsunternehmen, Reparaturbetriebe, Transportunternehmen oder auch Futtermittelwerke das größte Beschäftigungsspektrum im Zusammenhang mit der Aquakultur darstellen. Dieses Arbeitsplatzangebot führt zu einem pull-effect in das jeweilige Gebiet, wodurch Großbetriebe teilweise über eigene Wohnsiedlungen verfügen. Des weiteren stellt der Verarbeitungssektor arbeitskräfteintensive Stellen, da für 1t Garnelen 30 Personen einen Tag lang arbeiten können (UTHOFF 1994: 175).

Insgesamt fanden im Jahr 1992 nach Abschätzung ca. 220.000 Personen einen Arbeitsplatz im Zusammenhang mit der Garnelenkultur. Diese Zahl muss allerdings mit dem Verlust in der traditionellen Küstenwirtschaft aufge-

rechnet werden. Reisbauern, Küstenfischer und Nutzer der Mangrovenwäl-
der werden einstige Arbeitsgrundlagen entzogen UTHOFF 1994: 175).

Positiv zu bewerten ist die Tatsache, dass durch die räumliche Bindung an
geeignete Küstenstandorte periphere Standorte wirtschaftlich stabilisiert werden und regionalen Aufwertungseffekte eintreten wodurch Abwanderungen
verhindert werden können (UTHOFF 1994: 176). Durch die exponentielle Produktionssteigerung kam es jedoch 1991 zu einem Überangebot auf dem
Markt und damit phasenverzögert zum Preisverfall im Exportsektor. Futter-
mittelpreise stiegen kräftig an und ließen die Gewinnspanne deutlich
schrumpfen (UTHOFF 1994: 177).

3.4 Heutige Situation und Prognosen

Durch den Preisverfall 1991 trat ein Selbstreinigungseffekt ein, bei dem spe-
kulative Betriebe und ungeeignete Standorte und Betriebe mit Produzenten
ohne genaue Fachkenntnis aufgegeben wurden.

Als Problemlöser zur Vermeidung der Verschwendung von Fischmehl sollte
die Produktion von Surimi zählen. Surimi ist ein Garnelenimitat, welches aus
Nebenfischarten hergestellt wird, die ansonsten zu Fischmehl verarbeitet
würden. Dazu werden die Fische auf den Fangschiffen ohne Kopf und Inne-
reien durch eine Lochtrommel gepresst. Die gepresste Masse erlangt durch
Formung, Aromen und Farbstoffen das typische Krabbenaussehen.

Es werden heute hunderttausende Tonnen von Surimi hergestellt, allerdings
können Feinschmecker den Unterschied erkennen (E.U.L.E N-Spiegel
2000:7).

Heute zählt Thailand laut FAO (2004: 35) trotz Verluste zu den führenden
Nationen im Export von Aquakulturprodukten (Tabelle 3) und speziell von
gefrosteten Garnelen (UTHOFF 1999: 71). Hochindustrielle Unternehmen, wie
Charoen Pokphand Foods Public Co. Ltd. besitzen mit ihren Zulieferfirmen
Seafoods Enterprise Co., Ltd., Klang Co., Ltd. und Thai Prawn Culture Cen-
ter Co., Ltd. einen enormen Marktanteil an den thailändischen Shrimpproduk-
ten.

Producer	2000 (1000 t)	2002	APR (percent)
Top ten producers in terms of quantity			
China	24 580.7	27 767.3	6.3
India	1 942.2	2 191.7	6.2
Indonesia	788.5	914.1	7.7
Japan	762.8	828.4	4.2
Bangladesh	657.1	786.6	9.4
Thailand	738.2	644.9	-6.5
Norway	491.2	553.9	6.2
Chile	391.6	545.7	18.0
Viet Nam	510.6	518.5	0.8
United States	456.0	497.3	4.4
Top ten subtotal	31 318.8	35 248.4	6.1
Rest of the world	4 177.5	4 550.2	4.4
Total	35 496.3	39 798.6	5.9

Tab. 3: Die Top Ten der Aquakulturproduzenten: (Quelle: FAO 2004: 14)

Die zwei Hauptexportprodukte Thailands im Aquakultursektor sind derzeit Dosenthunfisch und gefrostete Shrimps (OECD 2005: 46). Neuen Studien zufolge wird der Aquakultursektor auch weiterhin ein zukunftsfähiger Wirtschaftszweig bleiben. Der Fischkonsum wird in den nächsten Jahrzehnten stark ansteigen (FAO 2004: 109) und speziell Südostasien wird nach den Daten und Prognosen der Tabelle 4 mit prognostizierten maximal 5,0 % im Jahr 2020 einen großen Anteil an der Bereitstellung von Aquakulturprodukten besitzen.

	Actual in 2001		IFPRI output forecast for 2020[a]				Alternative forecast	
			Baseline		Highest			
	Output	Share of global output	Output	Growth rate 2001–20[b]	Output	Growth rate 2001–20[b]	Output	Growth rate 2001–20[b]
	(million tonnes)	(percent)	(million tonnes)	(percent)	(million tonnes)	(percent)	(million tonnes)	(percent)
China	26.1	68.8	35.1	1.6	44.3	2.8		
Europe[c]	1.3	3.4	1.9	2.0	2.3	3.0	1.5[d]	0.8
India	2.2	5.8	4.4	3.7	6.2	5.6	4.6[e]–3.3[f]	8.5[e]–8.2[f]
Latin America and the Caribbean	1.1	2.9	1.5	1.6	2.1	3.5	24.8[g]	18
South Asia (excl. India)	0.7	1.8	1.2	2.9	1.7	4.8		
Southeast Asia	2.9	7.7	5.1	3.0	7.3	5.0		
Sub-Saharan Africa	0.06	0.1	0.1	4.6	0.2	8.1		
Global	37.8	100	53.6	1.9	69.5	3.3		

Tab. 4: Fisch aus der Aquakultur: aktuelle Daten und Vorhersagen je Region
(Quelle: FAO 2004: 110)

3.5 Ökologische Effekte

3.5.1 Die Mangrovenzerstörung

Bis zum Jahr 1991 wurden in Thailand 728 km² Küstentiefland mit überwiegend natürlichen Mangrovenbeständen in „einförmige, regelmäßige Beckenanlagen umgewandelt, mit dem Meer und untereinander verbunden durch ein Netz von Zu- und Ableitungskanälen oder Rohrleitungen (UTHOFF 1994: 178). Täglich verschwanden etwa 18 ha Mangroven (UTHOFF 1994: 178), was zur Folge hatte, dass eine Vernichtung mariner und terrestrischer Feuchtökosysteme stattfand. Durch den enormen Flächenverbrauch verschwanden wichtige Aufwachsgebiete für juvenile Garnelen oder Fischarten, welches zu dramatischen Fangeinbußen in der Küstenfischerei führte. Ebenfalls folgte durch die Rodung eine zunehmende Substratmobilisierung, wodurch eine Labilisierung der Küstenlinie einsetzt und die Abrasion wirken kann. Mangrove sind zudem der beste Schutz gegen einen Tsunami. Ohne Küstenbewuchs betrug die Zerstörung im Dezember 2004 35 %, mit Mangroven nur 0,5 % (WILLKE 2006: 28).

Anzumerken ist jedoch, dass in erster Linie die extensiven und semi-extensiven Aquakulturen an der Mangrovenvernichtung beteiligt waren (UTHOFF 1994: 179). Diese Bewirtschaftungsformen waren an die Gezeiten-

zone gebunden. Intensive Betriebe befinden sich dagegen vorwiegend im
Supralitoral landeinwärts des Mangrovensaumes

3.5.2 Die Grundwasserentnahme

Die intensiven Kulturen sind aber nicht weniger umweltbelastend als die ex-
tensiveren Bewirtschaftungsformen. Die Umweltbelastungen werden nur aus
der Mangrove in demographisch stärkere Kulturlandschaften verlagert. Da
auch Intensivkulturen der Shrimps auf Meerwasser angewiesen sind, wird
dieses über lange Zuleitungskanäle ins Binnenland geleitet. Der Prozentan-
teil des Salzes aus dem direkten Meerwasser ist für eine optimale Garnelenzucht zu hoch und muss durch Zuleitung von Grundwasser verdünnt werden.
Für eine Tonne Garnelen müssen bis zu 43.000 Liter Grundwasser abge-
pumpt werden um einen Süßwasseranteil von 25% zu erreichen (UTHOFF
1994: 179). In den abgesunkenen Grundwasserspiegel sickert Salzwasser in
die Aquifere nach. Auch das Oberflächenwasser ist der Versalzung ausgesetzt, wodurch Viehsterben aber auch Eingehen von Agrarkulturen einset-
zen. Im unmittelbaren Küstenhinterland kam es durch die Grundwasserent-
nahme zu Bodenabsenkungen.

3.5.3 Chemikalien.

Die Gefahr von Infektionen und Totalausfällen ist bei Aquakulturen nicht weniger gering als bei den mitteleuropäischen Intensivmast-Betrieben von
Schweinen oder Geflügel. Das E.U.L.E (2000: 4ff) schätzt den jährlichen Verlust in Asien durch Viruserkrankungen bei Aquakulturen auf ca. 3 Mrd. US$.
Um einen solchen Verlust zu vermeiden, wird in sämtlichen Produktions-
schritten ein breites Spektrum an Wirkstoffen eingesetzt.
Als Desinfektionsmittel zur Entkeimung werden Hypochlorit, Salmiak, Natron-
lauge oder Iodophore verwendet. Diverse Piscizide wie Rotenon oder Natri-
umpentachlorphenat werden in der Shrimpsproduktion zum Abtöten von
Raubfischen benutzt.
Den ph-Wert des Wassers regeln Branntkalk oder Dolomit. Oxidantien wie
Salpeter, Wasserstoffperoxid und Kaliumpermanganat helfen das Phy-
toplankton zu kontrollieren und wirken zugleich als Therapeutika. Floccalan-
tien, Aluminiumsulfat und Eisenchlorid klären trübes Wasser.
Um die Tiere zu beruhigen werden bei der Ernte Psychopharmaka einge-
setzt. Darunter zählen unter anderen Tricain, Benzocain oder Chlorpromazin.
Zur Senkung von Keimzahlen werden Krabben für den deutschen Markt mit
Sulfit behandelt.
Belastungen für die Umwelt gehen demnach besonders von der Abführung
des im Produktionsprozess belasteten Wassers aus und bei den Beckenlee-

rungen, wobei neben Chemikalien auch freigesetzte Nährstoffe und Stoff-
wechselprodukte in die Umgebung gelangen. Nach UTHOFF (1994: 180) waren dies 1991 bis zu 14 % organische Feststoffe wie unverbrauchte Futter-
mittel, Fäkalien und Phytoplankton.

4. Pläne, Strategien und Gesetze zur nachhaltigen Fischwirtschaft

4.1 Fisheries Act

Der Fisheries Act von 1947 mit Ergänzungen aus den Jahren 1953 und
1985 bildet das Hauptinstrument der thailändischen Legislative im Bereich
der Fischerei und der Kultivierung von aquatischen Tieren. Das Gesetz wird
von dem Ministerium für Landwirtschaft und Kooperativen (MAC) ausgeübt,
die jedoch von dem Department of Fisheries (DOF) überwacht werden.

4.2 Code of Conduct (CoC)

In den vergangenen Jahrzehnten erlangte die Fischerei in der Ernährungs-
wirtschaft einen hohen Stellenwert und wurde zu einem marktorientierten und
dynamischen Sektor. Ständig steigende Nachfrage setzten die Fischereinationen unter wachsenden Druck, immer mehr Fisch in ihren gleich bleibend
großen Wirtschaftszonen zu fangen. Besonders war auch die ungeregelte
Fischerei auf hoher See ein Sorgenkind der nachhaltigen Bewirtschaftung.
Gebietsübergreifende Fischbestände und weit wandernde Fischbestände
wurden bedroht.
Diese negative Entwicklung gab dem Fischereiausschuss (COFI) Anlass, auf
seiner 19. Sitzung im März 1991, neue und besonders nachhaltige Konzepte
für die Fischerei zu fordern.
Im Jahr 1992 wurde auf der Internationalen Konferenz über verantwortungsvolle Fischerei in Cancún (México) beschlossen, dass die FAO einen internationalen Verhaltenskodex („Code of Conduct") ausarbeiten solle.
Die Ergebnisse dieser Konferenz stellten einen wichtigen Beitrag für die Konferenz der Vereinten Nationen über Umwelt und Entwicklung (UNCED) dar,
wonach eine Konferenz der Vereinten Nationen über gebietsübergreifende
Fischbestände und Bestände weit wandernder Fische einberufen wurde. Im
November 1993 kam es daraufhin auf der 27. FAO-Konferenz zur Verab-
schiedung des „Übereinkommens zur Förderung der Einhaltung internationa-
ler Erhaltungs- und Bewirtschaftungsmaßnahmen durch Fischereifahrzeuge
auf Hoher See".

Aufgrund dieser Entwicklungen empfahlen die Leitorgane der FAO die Ausarbeitung eines weltweiten Verhaltenskodex für verantwortungsvolle Fischerei, der die vorangegangenen Instrumente berücksichtigen sollte. Zusätzlich forderte die FAO die Einbringung von nicht verbindlichen Grund-sätzen und Normen für die Erhaltung, Bewirtschaftung und Entwicklung der gesamten Fischerei (FAO 1995: 2).

Der Kodex wurde darauf am 31. Oktober 1995 von der FAO-Konferenz einstimmig angenommen. Er bietet einen Rahmen für nationale und internationale Bemühungen „eine nachhaltige und umweltverträgliche Nutzung der lebenden aquatischen Ressourcen sicherzustellen" (FAO 1995: 2).

Der CoC umfasst 12 Artikel mit folgenden Inhalten:

Artikel 1 : Art und Geltungsbereich des Kodex
Artikel 2 : Zielsetzung des Kodex
Artikel 3 : Verhältnis zu anderen internationalen Instrumenten
Artikel 4 : Umsetzung, Überwachung und Aktualisierung
Artikel 5 : Besondere Bedürfnisse der Entwicklungsländer
Artikel 6 : Allgemeine Grundsätze
Artikel 7 : Fischereibewirtschaftung
Artikel 8 : Fischereitätigkeiten
Artikel 9 : Entwicklung der Aquakultur
Artikel 10: Integration der Fischerei in die Bewirtschaftung von   Küstengebieten
Artikel 11: Fischverarbeitung, -vermarktung und Handel
Artikel 12: Fischereiforschung

Der Kodex ist freiwillig und kann von den Staaten angenommen werden. Im Falle Thailands wurde der Kodex angenommen und besonders der Artikel 9 über die Entwicklung der Aquakultur berücksichtigt.

Internationale Standards sollen in der Shrimpproduktion durch Verbesserung der Aquakulturtechniken erreicht werden. Des weiteren wird eine Zertifizierung von Betrieben vorangetrieben, die nach internationalen Qualitätsstandards arbeiten. Für Betreiber deren Standards nicht den CoC-Standards entsprechen, kann ein Zertifikat erlangt werden, das „Good Aquaculture Practice (GAP) guidelines" berücksichtigt.

4.3 Andere Dokumente im Zusammenhang mit dem CoC

Im Jahr 1996 veröffentlichte die FAO ein Dokument mit den „Technical Guidelines for Responsible Fisheries" (FAO 1996) , welches konkretere Angaben für die Inhalte des CoC im Bereich der technischen Seite der Fischerei ausführt. Adressaten sind neben den Staaten auch internationale Organisationen, Körperschaften der Fischerei, Eigentümer von Betrieben, Manager, Transporteure und Fischer (FAO 1996: 2). Die Richtlinien umfassen unter anderen Angaben zu Ausbildung, Training, Sicherheit und Zertifizierung von Betrieben bzw. in der Fischereiwirtschaft insgesamt.
Konkretere Richtlinien liefert das Dokument mit dem Titel „Regional guidelines for responsible aquaculture in Southeast Asia". Nach einer ausführlichen Liste mit Begriffserklärungen aus der Aquakultur folgen Tabellen in denen auf der einen Seite Inhalte der Artikel des CoC dargestellt werden und auf der anderen Seite Ausführungen zu dem jeweiligen Artikel in Form von einer Vielzahl von regionalen Richtlinien (SEAFDEC 2001: 14) stehen.

4.4 The „National Economic and Social Development Plan"

Der derzeitig aktuelle neunte Plan sieht für die Zeitspanne von 2002 bis 2006 eine nachhaltige Entwicklung und Stärkung der Shrimpproduktion im Sinne der Verhaltenskodex-Standards vor. Ein Wachstum dieses Wirtschaftszweiges wird mit 5 % jährlich angestrebt (Internet 2, 2006).

5. Fischversorgung durch Kleinbetriebe

5.1 Ländliche Kleinbetriebe der Aquakultur

Institutionen wie die „Asian Development Bank" haben mit den Jahren erkannt, dass die steigenden Produktionszahlen in der Aquakultur nicht unbedingt der ländlichen und auch ärmeren Bevölkerung Thailands zugute kommen.Die Bevölkerung kann sich die teuren Exportwaren nicht leisten und leidet weiterhin an Proteinmangel durch unzureichende Fischversorgung.
In dem 5. Nationalen Wirtschafts- und Sozialentwicklungsplan (1982-1986), wurde die Verantwortung, die vom DoF gegenüber der ländlichen Fischerei getragen werden müsste, ausformuliert (ASIAN DEVELOPMENT BANK 2004: 122). Es wurden verschiedene wichtige Projekte aufgeführt wie z. B. das „Village Fish Pond Development Project (VFPDP). Diese staatlich gesponserte Initiative sollte ländliche Kommunen unterstützen, um die Fischproduktion für

den lokalen Konsum zu stärken, somit Arbeitsplätze zu schaffen und die Armut zu bekämpfen.

Im Jahr 2001 dezentralisierte die Regierung das Management im Bereich der natürlichen Ressourcen in Form von „Tambon Admnistrative Organizations (TAOs). Diese sind heute zuständig, als lokale Institutionen die ländliche Entwicklung zu fördern.

Beim Vergleich der Fördermengen von agroindustriellen Großbetrieben und Kleinfarmern z.B. in Nordostthailand fällt eine sehr unterschiedliche Erntemenge von Aquakulturen auf. Im Schnitt liegt diese bei 2,8 t bis 3,5 t pro Hektar, wohingegen ländliche Betriebe nur 416 kg pro Hektar erreichen.

Auch in der Preisklasse unterscheiden sich die Provinzen teilweise stark voneinander (Tabelle 5). Insgesamt sind die Preise für Fischprodukte in Zentralthailand am niedrigsten.

Fish Species	Bangkok	Ang Thong	Chantaburi	Khon Kaen	Udon Thani	Nakon Sawan	Pitsanuloke	Chiangmai	Pattani	Phuket	Songkhla
Walking Catfish	23.57	18.88	23.40	36.54	38.19	19.23	28.96	32.84	27.56	37.25	32.62
Snakehead	49.09	44.19	—	56.05	67.10	59.39	49.35	62.24	35.89	—	50.82
Mrigal	10.52	—	—	32.44	28.96	21.64	31.06	30.00	30.00	—	30.00
Tilapia	16.14	16.37	15.22	32.52	35.16	26.42	31.24	31.10	37.77	34.95	38.06
Silver Barb	16.30	13.86	23.32	30.00	33.89	21.23	28.76	29.89	30.67	26.27	34.75
Giant Gourami	15.00	50.00	—	—	—	39.94	41.36	—	—	—	—
Rohu	13.18	20.00	25.00	29.79	35.48	19.28	25.00	29.31	39.23	30.01	30.34
Snakeskin Gourami	44.08	50.00	—	24.35	—	49.09	25.00	—	40.00	—	36.26

— = data not available.

Tab. 5: Durchschnittlicher Preis von Süßwasserspezies 2000 (Quelle: ASIAN DEVELOPMENT BANK 2004: 127)

Trotz der finanziellen Förderung von ländlichen Kleinbetrieben durch die Regierung konnten keine Erfolge verbucht werden. Die Regierung erkannte, dass eine finanzielle Unterstützung ohne ein adäquates Training und Schulung der Bauern im Umgang mit Aquakultur-Technologien zu keiner nachhaltigen Entwicklung der Aquakultur führen konnte (ASIAN DEVELOPMENT BANK 2004: 128). Die Regierung beauftragte das DoF sowie das „Department of Agricultural Extension" Trainingseinrichtungen zu organisieren, um eine vollständige Subsistenzversorgung mit Fisch im ländlichen Bereich zu erreichen.

5.2 „The School Fishpond Project"

Eines der erfolgreichsten Förderprogramme der Regierung zur Minimierung der Mangelernährung und Armutsbekämpfung in ländlichen Gebieten stellt das School Fishpond Program dar. Dabei werden gezielt Dorfschulen der Primärstufe aber auch der Sekundarstufe, die in Selbsthilfeinitiativen lernen ihre eigene Mangelernähung zu beseitigen.

Das Pilotprojekt begann im Jahre 1992 und schloss die Errichtung mehrerer Fischteiche und gezieltes Training im Bereich der Aquakultur mit ein. Die 12 ausgewählten Schulen verteilen sich über das ganze Land und erreichten 2000 laut Tabelle 6 eine Produktion von 1.499 kg.

Region	Number of Schools	Layer Chickens	Number of Eggs Produced	Fish Production (kg)	Total Income (B'000)
Northeastern	4	1,250	351,852	405	598
Northern	4	900	246,145	421	459
Central	3	550	147,119	308	231
Southern	1	504	129,936	365	235
Total	12	3,204	875,052	1,499	1,523

Tab. 6: Produktionsstatistik unter dem School fishpond program 2000 (Quelle: ASIAN DEVELOPMENT BANK 2004: 131)

5.3 Auswirkungen des Tsunamis auf Kleinbetriebe

Über 490 Fischerdörfer entlang der Küste des Andamischen Meeres sind vom Tsunami vom 26.Dezember 2004 betroffen. Die Auswirkungen reichen von Zerstörungen der Fischfangausrüstung über Zerstörung von Fischteichen bis hin zu Verlusten von Menschenleben. Allein im Dorf Ban Nam Kem in der Phangna Provinz starben bis zu 6000 Menschen.

Im Bereich der Aquakultur zeigt Tabelle 7, in welcher Region wie viele Aquakulturbetreiber betroffen sind und wie viele Quadratmeter Käfige beschädigt wurden. Die meisten Besitzer mit einer Zahl von 960 traf es dabei in Satun, die größte zerstörte Fläche von Anlagen gab es dagegen in Ranong mit 827.008 m².

Es wird mit einer Reparatursumme von 3.750 baht pro 25m² gerechnet, was bei einer Summe von 16.000 baht für den Kauf eines Käfigs von 25m² enorme Kosten bedeutet (DOF 2005: 25).

Wie lange die Reparatur dauern wird und wer diese bezahlt ist unklar. Ebenfalls müssen künftige Analysen zeigen, welche Folgen die Zerstörung der Aquakulturflächen und Fischgangbote mit sich bringt.

		Owners affected	Area of cages affected (m2)
Ranong		**583**	**827,008**
	Meuang	288	260,070
	Kapoe	139	69,309
	Branch dist suk sam ran	156	497,629
Phangna			**87,194**
	Takua Pa		12,726
	Takua thung		17,973
	Tai Meuang		9,351
	Koh Yao		26,653
	Kuraburi		26,653
	Meuang		7,812
Phuket		**315**	**45,172**
	Meuang	174	29,893
	Krathu	4	0
	Glang	137	15,279
Krabi		**359**	**74,108**
	Meuang	40	24,174
	Klong thom	102	5,669
	Neua Klong	50	26,532
	Ao Leuk	107	12,213
	Koh Lanta	60	5,520
Trang		**393**	**19,554**
	Kantang	67	10,850
	SikAo	139	6,192
	Palien	163	2,272
	Branch dist Haad samran	24	240
Satun		**960**	**70,140**
	Meuang	343	5,760
	La Ngu	617	58,859
	Thung Wah		
Total		**2,610**	**1,123,176**

Tab. 7: Betroffene Provinzen des Tsunamis 2004 (Quelle: DOF 2005: 5)

6. Fazit

Die derzeitigen Entwicklungen der thailändischen Fischwirtschaft lassen darauf schließen, dass der traditionellen Fischerei im Sinne des Fischfangs auf dem Meer seine Grenzen gesetzt sind. Der erste entscheidende Schritt war die Reduzierung der Fanggründe auf die ausschließliche Wirtschaftszone (EEZ). Den zweiten Umbruch stellt der Verhaltenskodex für verantwortungsvolle Fischerei dar. Obwohl dieser auf einer freiwilligen Basis verläuft, sehen sich die Staaten unter Druck, eine nachhaltige Bewirtschaftung der Meere zu betreiben.

Doch das Verlangen nach einer ausreichenden Nahrungsversorgung wird in den nächsten Jahrzehnten durch die ansteigende Population besonders in Südostasien steigen. Da diese stetig wachsende Bevölkerung nicht unter einem Nachhaltigkeitsaspekt durch die Fangfischerei versorgt werden kann, erlangt die kontrollierbare und kalkulierbare Aquakultur einen höheren Stellenwert für die Zukunft. Zur Zeit sind die Aquakulturprodukte hauptsächlich für den Export bestimmt, welches indirekt durch Deviseneinnahmen zu einem höheren Lebensstandard führen könnte. Allerdings ist in der Realität eine Partizipation der ländlichen, traditionellen Bauern kaum zu finden.

Durch fehlendes Know-how, Produktivitätssteigerungen um jeden Preis und geringen Bezug zur Umwelt entstanden in der Vergangenheit jedoch immense Schäden durch falsche Konzepte. Langsam entstehen Programme und Projekte zur Förderung von eigenständigen ländlichen Kleinbetrieben der Aquakultur.

Die Fischwirtschaft in Thailand existiert auch heute noch in einem Dualismus, wodurch die wachsenden Exportzahlen im Fischsektor keinesfalls eine Wohlstandsverbesserung im ganzen Land bedeuten. Der Fisch der Groß-konzerne ist zu teuer für den einfachen Bauern. Staatliche Förderprogramme sind die Hoffnung vieler Menschen auf eine bessere Ernährungsversorgung Ob die damals so hoch gelobte „Blaue Revolution" wirklich die schwindenden Fangerträge nachhaltig und umweltverträglich kompensieren kann, muss sich in Zukunft erweisen.

7. Literaturverzeichnis

ASIAN DEVELOPMENT BANK (Hrsg.) (2004): *Small-Scale freshwater rural quaulture development: Country case studies in Bangladesh, Phillipines and Thailand.*

DOF (Hrsg.) (2005): *Tsunami impact on fisheries and aquaculture in Thailand.* Bangkok.

E.U.L.E.N.-Spiegel (Hrsg.) (2000): *Problemlöser Surimi.* München.

FAO (Hrsg.) (2004): *The State of World Fisheries and Aquaculture 2004.* Rom.

FAO (Hrsg.) (2001): *The Bangkok Declaration And The Strategy For Aquaculture Development Beyond 2000:The Aftermath.* Bangkok.

FAO (Hrsg.) (1996): *Technical Guidelines for responsible fisheris.* Rom.

FAO (Hrsg.) (1995): *Code of Conduct for responsible fisheries.* Rom.

GARCIA, S. M. & GRAINGER, R. (2005): *Gloom and doom? The future of marine capture fisheries.* Rom.

GREENPEACE (Hrsg.) (2004): *Umgepflügte Meeresböden.* Wien.

KELLER, M. (1997) : *Aquakultur gefährdet die Artenvielfalt.* In: E.U.L.E.N-Spiegel **2**: 4-5. München.

LING, S.-W. (1977*): Aquaculture in Southeast Asia.* Peking.

OECD (Hrsg.) (2005): *Trade and structural adjustment policies in selected developing countries.* Working Paper No. 245. Paris.

SEAFDEC (Hrsg.) (2001): *Regional Guidelines for responsible aquaculture in Southeast Asia.* Bangkok.

SPEKTRUM (Hrsg.) (2002): *Lexikon der Geographie Band 1.*Heidelberg Berlin.

THE WORLD BANK (Hrsg.) (2004): *Saving fish and fisheries. Toward Sustainable and Equitable Governance of the Global Fishing Sector.* Washington.

UTHOFF, D.(1999): *Seefischerei und marine Aquakultur Wandel und Trends in der Nutzung des Nahrungspotentials der Meere.* In: Petermanns Geographische Mitteilungen **143**: 58-73. Gotha.

UTHOFF, D. (1994): *Die Marine Aquakultur von Garnelen in Thailand. Erfolge und Probleme einer Exportorientierten Intensivkultur.* In: Giessener Beiträge zur Entwicklungsforschung **21** (1): 161-181. Giessen.

UTHOFF , D. (1991): *Entwicklungsphasen und aktuelle Probleme der thailän-dischen Seefischerei*. In: Erdkundliches Wissen **105** : 221-235. Stuttgart.

WILLKE, T. (2006): Rettender Tsunami. In: Bild der Wissenschaft 5 : 28-31. Leinfelden-Echterdingen.

Andere verwendete Quellen:

- Internet 1: FAO Country Profile and Mapping Information System (http://www.fao.org/fi/fcp/en/THA/profile.htm, Zugriff am 16.03.2006)

- Internet 2: Fisheries global information system.National Aquaculture Legislation Overview – Thailand (http://www.fao.org/figis/servlet/static?dom=legalframework&xml=nalo_thailand.xml, Zugriff am 25.03.2006)

- Marine Shrimp Culture Research Institut (http://www.thaiqualityshrimp.com/eng/coc/home.asp, Zugriff am 25.03.2006)